A MESSIEURS LES MEMBRES

DE

L'ACADÉMIE DES SCIENCES

DE PARIS,

G. J. A. BONHOURE, D. M.

PARIS.

IMPRIMERIE DE PLASSAN, RUE DE VAUGIRARD, N° 11;
PAR LES SOINS DE TERZUOLO, SON SUCCESSEUR DÉSIGNÉ.

1835.

A MESSIEURS LES MEMBRES

DE

L'ACADÉMIE DES SCIENCES

DE PARIS,

G. J. A. BONHOURE, D. M.

Roissy, près Gonesse (Seine-et-Oise) ce   décembre 1835.

Messieurs et illustres savants,

Dans sa séance du 18 octobre dernier, l'Académie royale de Médecine a entendu le rapport de l'honorable docteur Capuron, sur un court mais important mémoire relatif à un précepte de l'art des accouchements, que je lui signale comme essentiellement vicieux, et sur la manœuvre efficace que je conseille de lui substituer.

Je viens aujourd'hui, messieurs, porter le même travail devant votre illustre compagnie. M. le secrétaire de l'Académie royale de Médecine m'a annoncé par sa lettre du 11 novembre dernier qu'il vous avait transmis par ordre de son excellence M. le ministre de l'instruction publique, ce mémoire, que je vous prie, messieurs, d'admettre au concours des prix Montyon et auquel je vais ajouter de nouveaux aperçus que le rapport de M. Capuron et la discussion qui en a été la suite ont rendus nécessaires.

L'*utérus* est un sac musculo-membraneux qui, à mesure que le produit de la conception se développe, s'élève dans la capacité abdominale, au-devant de la colonne lombaire, des reins et de l'*S* du colon ; au-dessous de la masse intestinale qu'il soulève ; derrière le haut de la vessie et la paroi antérieure de l'abdomen.

Le *placenta* est fixé vers le fond de l'utérus et à peu près au-dessus du *fœtus* ; le fœtus lui-même, si ingénieusement comparé par le Père de la médecine au fruit de l'amande enfermé dans sa coquille, occupe le centre de l'utérus au milieu *des eaux* de l'amnios, où il se tient dans une telle situation, que tous ses membres sont dans un état complet de flexion : ainsi, ses jambes sont fléchies sous ses cuisses, qui elles-mêmes sont fléchies sur la partie antérieure de son torse ; ses avant-bras sont fléchis sur ses bras, de manière à ce que ses coudes touchent à ses hanches, et ses mains fermées à ses oreilles, sa tête étant inclinée en avant sur sa poitrine, de manière que son front soit à peu près appuyé sur ses genoux.

Par cette position du fœtus, il nous est démontré que la flexion en avant lui convient presque exclusivement ; car, à l'exception de ses jambes, tous ses membres sont fléchis dans ce sens.

La capacité abdominale offre deux lignes courbes principales, placées l'une vis-à-vis de l'autre, partant l'une et l'autre du haut de cette capacité, et se terminant toutes deux au bassin, après avoir également fait saillie en avant : c'est la ligne antérieure de la colonne lombaire très-peu flexible, d'une part, et la ligne médiane, de la paroi antérieure de l'abdomen, très-mobile, de l'autre.

N'ayant point ici à vous entretenir, messieurs, de tout ce qui concerne la gestation et l'accouchement ordinaire, je vais passer de suite à ce mode d'accouchement que les auteurs, à l'instar de Mauriceau, ont, pour la plupart désigné sous la dénomination impropre d'*accouchement contre nature*, et qu'aujourd'hui on appelle plus volontiers *podalique*. Mettant encore de côté tout ce qui précède cet accouchement, je vais le prendre au moment où les pieds viennent de passer hors de la vulve de la mère; car c'est alors qu'à l'instar de Mauriceau encore (dont le célèbre traité est du milieu du 17ᵉ siècle), tous les auteurs *ex-professo*, jusqu'à M. le docteur Velpeau, inclusivement, qui a écrit son traité (2ᵉ édition) dans le cours de cette présente année 1835, c'est alors dis-je, que les auteurs, conseillent de tourner peu à peu (si elle ne l'était déjà) la partie antérieure du corps du fœtus en arrière (en dessous, dit Mauriceau; en-dessous et un peu de côté, veut Baudeloque). Néanmoins la plupart des auteurs conviennent de la difficulté qu'offre un pareil accouchement; et l'un d'eux notamment (M. le docteur Moulins, qui réside à Paris), a écrit en 1822, que *l'extrême danger pour la mère et pour l'enfant qu'occasione cette déplorable manœuvre devait engager l'accoucheur à l'éviter autant que possible, et à chercher par tous les moyens imaginables à ramener la tête en bonne présentation.* Mauriceau lui-même, à la page 283 du 1ᵉʳ volume de son traité (5ᵉ édition), nous fait le tableau pitoyable des maux de la mère et de l'enfant, de la peine et du travail de l'accoucheur en pareil cas; Baudeloque, page 529 du premier volume de son Traité des Accouchements, 6ᵉ édition, en dit à peu près autant, et le traite de *circonstance malheureuse*. Enfin, vous avez entendu, messieurs, dans votre séance du 21 septembre dernier, la communication que vous a faite un accoucheur célèbre aussi, M. le docteur Baudeloque (probablement fils du premier), du moyen qu'il a trouvé de sauver la vie à quelques fœtus arrétés par la tête au passage pelvien, lequel consiste en une sonde, qu'il leur a introduite dans la bouche pour leur donner la facilité de respirer.

La tête, poussée par l'utérus et par les forces congénères, est vivement sollicitée à le débarrasser ; mais le menton, ou ce qui revient à peu près au même, l'un des côtés de la mâchoire est très-fortement appuyé contre la saillie sacro-lombaire, ce qui nécessairement cause le renversement en arrière du sommet, vers le point où les muscles droits s'attachent au pubis. Bientôt l'occiput va s'appuyer sur la face interne correspondante du bord de cet os ; de quoi il résulte que le diamètre *occipito-mentonnier*, qui, suivant Baudeloque, a 5 pouces à 5 pouces et un quart de longueur, se trouve opposé au diamètre antérieur ou *sacro-pubien* (ou à peu près), qui, selon le même auteur, n'a que quatre pouces de longueur. Il résulte nécessairement d'une pareille disposition que la tête ne peut avancer, à moins qu'on ne parvienne à la ramener dans le sens de sa flexion habituelle sur la poitrine, ce qui ne s'obtient qu'à force de temps et de labeur de la part de l'accoucheur, qui commence par introduire un doigt dans la bouche du malheureux fœtus, à l'aide duquel il la lui ouvre et tire en bas la mâchoire, porte ensuite deux doigts sur les côtés du nez, au moyen desquels il tâche de faire descendre le front dans l'excavation sacrée, tandis que de son autre main il relève et renverse le torse du fœtus sur le ventre de la mère. A force de temps, de travail et de souffrances de part et d'autre, on parvient enfin, ligne à ligne, à faire descendre la tête jusque dans l'excavation du bassin (il y a 40 ou 45 lignes du haut du front au menton), ce qui n'arrive guère avant que les souffrances (1) du fœtus ne soient terminées avec son existence. Durant tout ce temps l'accoucheur, baigné de sueur, a sous les yeux le déchirant spectacle des convulsions dont sont attaqués les muscles des membres et du torse de la victime, et son âme est en outre bouleversée par les effrayantes lamentations de la mère.

Cruels effets d'un précepte barbare au milieu de la plus brillante civilisation, j'espère qu'on ne vous observera plus !!!

A l'appui de cela je pourrais joindre nombre de faits contenus dans les journaux de médecine, principalement ; faits rapportés pour la plupart par de jeunes praticiens, qui, bien souvent dans l'unique vue de sauver leur réputation, présentent les fœtus (victimes assez évidentes de la *postéro-version*) comme ayant déjà cessé de vivre avant que l'accoucheur se fût occupé de leur extraction, ou comme ayant une tête monstrueuse, ou encore comme ayant un passage d'une trop grande étroitesse à franchir. Ces jeunes praticiens, ne pouvant se figurer que les règles posées par les maîtres de l'art soient vicieuses à ce point, craignent plutôt de ne les avoir pas assez exactement observées qu'ils n'en soupçonnent l'exactitude. L'autorité des maîtres est souvent un obstacle à l'instruction des élèves, a dit Cicéron. *Obest plerumque iis qui discere volunt, auctoritas eorum qui docent.*

---

(1) Quelques praticiens, à la tête desquels on peut compter *Levret* et *Smellie*, disent avoir usé avec avantage du forceps, ou plutôt du levier en pareil cas.

Tout ce que dessus est de la plus exacte vérité. Cependant des hommes graves ont voulu le contredire. Je n'en pense pas moins que désormais il en sera de l'*obstétrique* comme des autres points de pathologie; on voudra *remplacer de chiméri-ques abstractions par des faits* (1).

Poursuivons : j'ai fait observer, messieurs, que la situation du fœtus dans l'utérus est un état de flexion en avant de ses membres et pour ainsi dire de tout son individu. De cette re-marque on peut, je crois, tirer cette conséquence, que sa con-stitution lui rend contraire presque tout mouvement de flexion en arrière. Cela me paraît tellement vrai, qu'il me semble que chacun doive d'abord le comprendre sans une plus am-ple démonstration. Cependant c'est en le fléchissant en ar-rière que l'accoucheur amène hors des parties de sa mère le fœtus qu'il en tire par la postéro-version. Il ne pourrait mê-me lui imprimer la flexion opposée; car dans le cas qui nous occupe, elle serait ou impossible ou nuisible au progrès de la manœuvre entreprise : la preuve de tout cela va résulter, j'espère, de ce qu'on va lire.

Si au lieu de tourner en arrière la face du fœtus dont les extrémités ont déjà passé hors de la vulve, on la tourne en avant et un peu de côté (vers l'un ou l'autre pubis) suivant que son torse obéit plus aisément à la rotation à droite ou à gauche que les mains de l'accoucheur lui impriment, dans la vue d'offrir ensuite au diamètre oblique du détroit supé-rieur le diamètre transverse de ses hanches d'abord, celui de ses épaules, ensuite, et enfin, le diamètre occipito-frontal de sa tête, on a d'abord cet avantage assez important de ne pas imprimer au torse la flexion en arrière, qui au moins contra-

---

(1) Velpeau, avant-propos de l'*Anatomie des Régions.*

rie son habitude. De cette manière en effet ses fesses, son dos, ses coudes, son occiput, passent avec beaucoup plus de facilité ; parce que, dès que ces diverses parties ont successivement franchi le détroit supérieur, elles trouvent une liberté de jeu dans l'excavation du sacrum, jeu qui leur est tout-à-fait refusé dans la postéro-version, quand elles sont engagées derrière les pubis ; mais ce qui est encore plus essentiel, c'est qu'arrivée au détroit supérieur, la tête, s'appuyant par sa région postérieure, d'abord contre l'éminence de la colonne lombaire, ensuite contre celle appelée sacro-lombaire, a la face inclinée en avant et enfin tout-à-fait abaissée, de manière à ce que le menton touche à la partie antérieure du cou et que son plus long diamètre soit dirigé presque perpendiculairement : excellente situation et la plus favorable qu'il soit possible, pour son libre passage au milieu de la filière pelvienne.

Tout cela est encore de la plus rigoureuse exactitude : mes assertions dérivent de faits beaucoup mieux observés qu'ils ne l'ont été précédemment. Si quelqu'un après m'avoir lu en peut encore douter, qu'il veuille bien pour s'en assurer prendre le bassin d'une femme adulte et la tête d'un fœtus à terme (on en trouve à l'admirable cabinet littéraire et anato - mique, rue de l'Ecole-de-Médecine, n° 13, dans lequel je suis allé en faire l'expérience), et l'on s'en convaincra aisément.

On ne pourra, je le sens, au premier abord, se défendre d'un sentiment de méfiance ou de doute en lisant des assertions si contraires à ce qu'ont écrit des maîtres célèbres depuis des siècles, et à ce que soutiennent encore des accoucheurs fort estimés de la capitale, qui leur opposent ou une dénégation complète ou la rareté et l'imperfection des observations dont elles sont étayées. A cela je n'ai autre chose à répondre, sinon qu'on daigne examiner les faits ; que l'autorité supérieure veuille bien me mettre à même, comme je le lui ai spécialement demandé, de fournir des faits nouveaux accompagnés du complément aux observations, demandé par M. le docteur Capuron; qu'on me mette à même, en secondant mes efforts, de faire jouir au plus tôt l'humanité d'un bienfait tel, que toute négligence ou tout retard apporté à sa publication est un crime de lèse-humanité ou l'effet d'une ignorance extrêmement malheureuse; au surplus, voici en somme quels sont mes faits à l'appui :

Le 10 septembre 1833, l'épouse du sieur Huet, de cette commune, de petite taille et fort boiteuse, par l'effet d'une luxation consécutive de l'articulation coxo-fémorale droite, datant de sa tendre enfance, me fit appeler pour l'aider à accoucher. Le toucher me fit reconnaître un garçon, qui présentait le siége à l'orifice utérin. J'amenai les membres inférieurs hors de la vulve, et je tournai en devant, un peu de côté, la partie antérieure de cet enfant, qui était tournée en arrière. Aussitôt que ces préliminaires furent terminés, l'utérus, par quatre ou cinq efforts énergiques, qui se succédèrent avec rapidité, expulsa un fort bel enfant, lequel, dès qu'il fut dehors, poussa de vifs vagissements, se porta on ne peut mieux jusqu'à l'époque de la première dentition et jouit encore aujourd'hui de la vie et de la santé.

Depuis lors cinq faits analogues, rapportés dans mon Mémoire, et de la réalité desquels j'ai mis l'Académie à même de s'assurer, sont venus confirmer les promesses du premier, l'un sur une primipare âgée de quarante-deux ans, un autre sur une femme enceinte de deux jumeaux qui se présentèrent l'un et l'autre en travers à l'orifice utérin. Tous ces enfants vivent encore, à l'exception d'un jumeau qui mourut une semaine après sa naissance, et sont de fort beaux enfants, dont les mères, de petite ou de moyenne taille, ont le bassin très-bien conformé. L'une d'elles, l'épouse du sieur Charles Ferret, en 1830, époque de mon arrivée en ce pays, avait déjà eu quatre accouchements, trois desquels avaient été podaliques et tellement malheureux, que deux de ces enfants postéro-versés par d'habiles accoucheurs, avaient péri pendant la parturition. Le troisième, postéro-versé aussi, n'avait été extrait et sauvé qu'à grand'peine. En 1833, cette femme eut un cinquième accouchement, dans lequel l'enfant, qui s'était spontanément et inopinément présenté par les pieds et la face encore en dessous, fut violemment arraché par l'épouse d'un batteur en grange du lieu, qui n'est nullement sage-femme, mais qui fait ici habituellement des accouchements. Le malheureux enfant éprouva une grave lésion, et, depuis le moment de sa naissance jusqu'à celui de son décès, qui eut lieu quelques jours après, ne cessa de pousser de pitoyables gémissements. Enfin, devenue de nouveau enceinte, je l'accouchai le 29 avril dernier d'un très-bel enfant, qui vint par les pieds, que j'antéro-versai, et qui fait le sujet de ma dernière observation.

Voici, j'espère, une preuve de l'efficacité de l'antéro-version. Quatre fœtus postéro-versés ont été arrachés avec peine du sein de la même mère; trois sont morts pendant ou après l'opération; un seul est sauvé malgré le plus long travail obstétrical; enfin, un cinquième est antéro-versé, et, quoique aussi volumineux que les premiers, passe avec la plus grande facilité et sans autres efforts que ceux de l'utérus et des puissances expultrices congénères de sa mère!

Outre l'heureux perfectionnement que l'usage de l'antéro-version apporte au manuel des accouchements, elle fait disparaître le spécieux motif de ces tentatives que l'accoucheur, dans la vue d'éviter la version podalique, se croit obligé de faire pour ramener la tête en bonne présentation : tentatives trop souvent pernicieuses, toujours dangereuses et presque constamment inutiles. Elle contribuera, je l'espère, aussi à faire disparaître ces autres tentatives, plus *meurtrissantes* et aussi presque toujours inutiles, d'appliquer le forceps sur la tête d'un fœtus non encore engagé dans les détroits.

La version est généralement plus facile aux sages femmes bien instruites; parce que la principale qualité physique qu'elle requiert est le petit volume accompagné de la délicatesse et de la souplesse de la main, qualité dont le sexe féminin est plus ordinairement doué que le nôtre. Ce qui, par le temps passé, a empêché les sages-femmes de faire la version poda-lique aussi fréquemment que les circonstances l'indiquaient, c'est le funeste résultat qui en a été la suite presque constante et inévitable. Désormais les sages-femmes opéreront cette version sans hésiter, et notre orgueil masculin sera forcé de leur restituer des fonctions qui sont plus naturellement leur partage que le nôtre.

Il est cependant une circonstance, comme le fait très bien observer M. le docteur Capuron à l'Académie de Médecine, c'est l'introduction de la main dans l'utérus pour aller cher-cher les pieds du fœtus, qui peut avoir de très-fâcheux ré-sultats quand l'utérus est à sec depuis un certain espace de temps. Mais voici comment on y remédie (c'est encore, as-sez probablement, un moyen nouveau que j'indique aux gens de l'art) : on introduit en pareil cas une longue sonde en gomme élastique (je me sers d'une moyenne sonde œso-phagienne à mandrin en baleine) jusque vers le fond de l'u-térus, et par son moyen on pousse, à l'aide d'une seringue à lavements ou d'une vessie, une décoction fort mucilagineuse et fort abondante de graine de lin, de guimauve ou de tripes, à la température d'environ vingt degrés Réaumur. On a préalablement eu soin d'élever convenablement le bassin de la patiente. Cette injection, à la vérité, ne séjourne pas, mais elle irrigue, lubrifie et rafraîchit les surfaces utérine et fœtale et facilite singulièrement l'introduction et l'action de la main; ce que je puis assurer, l'ayant pratiqué nombre de fois.

Maintenant, messieurs, suis-je le premier praticien qui ait connu l'*antéro-version?* Je me garderai bien de l'assurer; mais il est, je crois, assez évident que j'aie l'initiative de sa publicité. Lamotte, qui écrivait il y a une centaine d'années, nous a laissé, en deux gros volumes in-8°, une infinité d'observations, sans aucune explication théorique, par lesquelles il paraît qu'il a souvent opéré la version podalique avec un succès tellement complet qu'il se complaît à le bien faire remarquer à ses lecteurs. Il paraît qu'il s'était fait une telle réputation par ce moyen qu'il lui valut une très-grande et bonne clientèle qui l'enrichit. Il n'est guère permis, dès lors, de douter qu'il ne connût l'efficacité de l'antéro-version; car s'il eût postéro-versé, il eût éprouvé les mêmes revers que les autres accoucheurs. Il est déplorable qu'un homme de talent n'ait pas été assez humain et désintéressé pour faire part de son secret à ses confrères !

Quant à ce qu'un honorable accoucheur a dit à l'Académie royale de Médecine, touchant les allégations d'un accoucheur allemand nommé Michaëlis, cela me paraît tellement singulier, que j'ai besoin de tous les sentiments respectueux que m'inspire un aussi honorable adversaire pour ne pas dire ici ce que j'en pense. Quoi qu'il en soit, Michaëlis a été loin de comprendre et d'expliquer le mécanisme de l'antéro-version; et j'affirme que je n'en ai puisé l'idée ni dans ses écrits, qui eussent été plus propres à me détourner de la concevoir, qu'à me l'inspirer, ni dans ceux d'aucun autre.

Daignez agréer l'hommage du plus profond respect avec lequel j'ai l'honneur d'être,

Messieurs et illustres savants,

Votre très-humble serviteur,

Bonhoure, D. M.